漫画万物由来　我们的食物

西瓜，我们的朋友

云狮动漫　编著

四川少年儿童出版社

图书在版编目（CIP）数据

西瓜，我们的朋友 / 云狮动漫编著. -- 成都 : 四川少年儿童出版社, 2020.6
（漫画万物由来. 我们的食物）
ISBN 978-7-5365-9784-6

Ⅰ. ①西… Ⅱ. ①云… Ⅲ. ①西瓜—儿童读物 Ⅳ. ①S651-49

中国版本图书馆CIP数据核字(2020)第087821号

出 版 人：常 青
项目统筹：高海潮
责任编辑：赖昕明
特约编辑：董丽丽
美术编辑：苏 涛
封面设计：章诗雅
绘　　画：张 扬
责任印制：王 春 袁学团

XIGUA WOMEN DE PENGYOU
书　　名：西瓜，我们的朋友
编　　著：云狮动漫
出　　版：四川少年儿童出版社
地　　址：成都市槐树街2号
网　　址：http://www.sccph.com.cn
网　　店：http://scsnetcbs.tmall.com
经　　销：新华书店
印　　刷：成都思潍彩色印务有限责任公司
成品尺寸：285mm×210mm
开　　本：16
印　　张：3
字　　数：60千
版　　次：2020年8月第1版
印　　次：2020年8月第1次印刷
书　　号：ISBN 978-7-5365-9784-6
定　　价：28.00元

若发现印装质量问题，请及时向市场营销部联系调换。
地　　址：成都市槐树街2号四川出版大厦六楼四川少年儿童出版社市场营销部
邮　　编：610031
咨询电话：028-86259237　　86259232

目录

甘甜可口的大西瓜 2
西瓜的演变之路 4
西瓜传入中国 10
西瓜的成长日记 16
种类繁多的西瓜大家族 26
西瓜是水果界的医生 28
世界各地花式吃西瓜 30
餐桌上的西瓜美食 32
解密西瓜加工厂 34
学做可爱的西瓜灯 40
西瓜大发现 42
你不知道的西瓜世界 44

甘甜可口的大西瓜

盛夏时节，各类瓜果琳琅满目，每一种都在挑逗我们的味蕾。其中最受欢迎的自然是又圆又大、绿皮红瓤的西瓜了。在烈日炎炎的暑天，要是能吃到一块甘甜冰爽的西瓜，那简直是太幸福了！

西瓜长得很可爱，有的圆鼓鼓像个大皮球，有的长成椭圆形像个橄榄球，翠绿色的果皮上还有深深浅浅的花纹。切开它，你会看见水灵灵的红色瓜瓤和亮闪闪的黑色瓜籽；闻一闻，沁人的清香扑鼻而来；咬一口，清爽甘甜的汁水瞬间溢满了嘴巴，那甜甜的味道似乎能一直流进心里，让你想迫不及待地再咬上一口。

小贴士 **西瓜是水果还是蔬菜?**

西瓜是水果还是蔬菜?植物学家和农学家为此争论不休。从生物学角度分析,西瓜是黄瓜家族即葫芦科的成员,而葫芦科的成员都属于蔬菜。西瓜又是一年生蔓生藤本植物,和多年生的果树的生长习性大不相同。因此,虽然西瓜在生活中被称为“盛夏水果之王”,但它其实是一种蔬菜。

西瓜植物结构图

西瓜的演变之路

几千年前，西瓜是一种毫不起眼的野生植物。经过人类的采集、驯化和育种，西瓜才成为今天几乎人见人爱的美味食物。

你想知道最早的西瓜来自哪里吗？西瓜又经历了哪些有趣的故事呢？让我们一起来看看吧！

长在非洲的野生西瓜

你知道吗？大多数学者认为西瓜的故乡在非洲中南部。1857 年，英国探险家里温斯顿在非洲南部的卡拉哈里沙漠及其周边发现了多处野生西瓜群落，从而推测出西瓜的起源在非洲。

这些野生西瓜个头不大，大小如同小朋友的玩具皮球。更特别的是，野生西瓜的瓜瓤是白色的，吃起来味道有点苦。野生西瓜含水量丰富，是大象、羚羊等野生动物获取食物和水分的重要来源，也是当地土著重要的水分和维生素来源。直至今天，在非洲南部的卡拉哈里沙漠地区，仍然生长着大片的野生西瓜。

古埃及培育出食用西瓜

西瓜的栽培历史悠久。大约在五六千年前，古埃及人就已在尼罗河流域种植和食用西瓜了。考古学家曾在著名的埃及法老图坦卡蒙墓穴中发现过西瓜的种子，古埃及壁画中的西瓜图案和相关文字记载也同样表明：最早开始种植西瓜的是古埃及人。那时西瓜的瓜瓤颜色尚不得知，据考古人员推断，那时的西瓜已经变得比野生西瓜好吃一点了。

小贴士 法老墓室里为什么会有西瓜呢？

法老是人们对古埃及国王的尊称，被古埃及人认为是神的化身。当时的古埃及人认为法老死后会成为神，他的灵魂要“升天”，但“升天之路”很漫长，所以要准备丰富的随葬品。科学家们推测：古埃及人发现西瓜富含水分，而且储藏在阴凉的地方可以保存几周，甚至几个月，因此西瓜被选为法老在“灵魂升天”路途中的“水壶”。

古埃及墓葬壁画上的西瓜

西瓜的迁徙之旅

随着不同地区人们的往来与交流，西瓜开始了漫长的迁徙之旅。它先由埃及传入小亚细亚地区，再经两条线路向东、西方传播：一条线路经地中海沿岸向西传入欧洲，再由欧洲传入美洲；一条线路则向东传入印度，再向北经阿富汗越帕米尔高原，沿“丝绸之路”传入西域，引种到中国内地。至 17 世纪时，西瓜已基本传播到世界各地了。

我们一起来看看西瓜传入世界各地的时间吧！

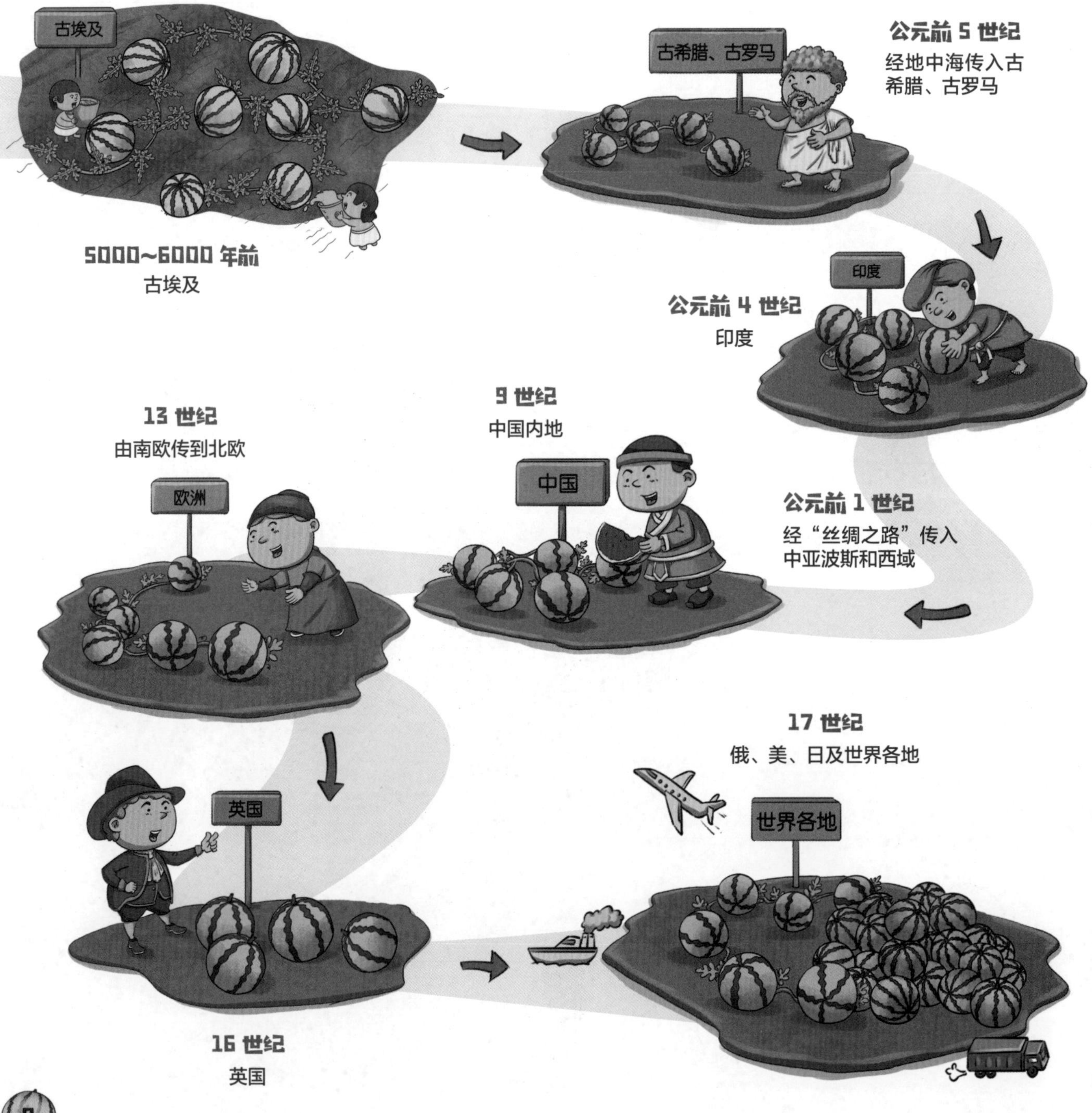

古埃及

5000~6000 年前
古埃及

古希腊、古罗马

公元前 5 世纪
经地中海传入古希腊、古罗马

印度

公元前 4 世纪
印度

公元前 1 世纪
经“丝绸之路”传入中亚波斯和西域

中国

9 世纪
中国内地

欧洲

13 世纪
由南欧传到北欧

英国

16 世纪
英国

世界各地

17 世纪
俄、美、日及世界各地

400 年前的西瓜长什么样？

随着时间的推移，西瓜经过人们不断改良、培育，它的颜色和口感发生了很大变化。比如，西瓜的瓜瓤逐渐由白色变成红色，味道也越来越甘甜。那么，400 年前的西瓜与现在相比，到底有什么不同呢？通过画家笔下的西瓜，我们可以窥探一二。

17 世纪时，意大利画家乔瓦尼·斯坦奇（Giovanni Stanchi）非常擅长画静物。这位画家曾创作过一幅水果静物画，其中就有西瓜。你会发现，画中西瓜瓜瓤的颜色不像我们今天常见的鲜红色，而是呈现粉白色，并且瓜瓤被清晰地分成几个部分，看起来跟我们今天吃的西瓜完全不同。专家证实当时的欧洲的确存在这一品种的西瓜，但同时也有红色瓜瓤的西瓜品种。

如今，西瓜在世界各地均有种植。在科学家和农民伯伯的培育下，西瓜有了更多的品种。想一想，你都吃过哪些品种的西瓜呢？

西瓜传入中国

那么，西瓜是如何来到中国的呢？西瓜来到中国后，又发生了哪些有趣的事情呢？我们一起来了解一下吧！

五代时期已有西瓜

中国对西瓜的记载最早出现在《新五代史》，书中引用了后晋官员胡峤编写的《陷北记》。胡峤是五代时期后晋人，公元 947 年被契丹人（中国古代游牧民族）囚禁，7 年后才回到中原。在这期间，他不仅在契丹品尝了西瓜，还看到了西瓜的种植场景。胡峤回家后，记录下自己在契丹的所见所闻，其中就有对西瓜的介绍："遂入平川，多草木，始食西瓜。云契丹破回纥得此种，以牛粪覆棚而种，大如中国冬瓜而味甘。"因此，历史学家普遍认为西瓜从五代时期就已传入中国。

中国最早的“吃瓜图”

中国古人吃西瓜的最早场景，出现在内蒙古的辽代墓葬壁画上。壁画描绘的是契丹贵族的宴饮场景，墓主人身穿红色长袍，面前的方桌上放着两盘水果，浅盘内是石榴、桃和枣，黑色圆盘内则放着 3 个大西瓜。根据考古学家的研究，这座墓建于公元 1026—1027 年间，也就是说这 3 个“西瓜”距今已有近千年的历史了。从壁画中可以看出，当时契丹贵族食用的果品非常丰富，这与《辽史》记载的当时契丹贵族喜欢用水果佐饮的风俗相符合。现在我们餐后的水果拼盘，与壁画中的果盘也有点相似呢！

小贴士 认识象形字“瓜”

“瓜”是一个象形字，本义是挂在藤上的葫芦状果实。“瓜”两边的笔画代表蜿蜒的瓜蔓，中间是藤上结出的沉甸甸的果实。楷体的“瓜”对字形进行了进一步简化，已经很难看出果实的形状了。

西瓜从南宋开始普及

西瓜曾经是贵族的专属消暑果品，那么，它是如何成为一种日常水果的呢？这还要感谢南宋官员洪皓。公元 1129 年，洪皓以礼部尚书的身份出使金国，希望求得宋金和平，却被金人扣留 10 多年，直到公元 1143 年才回到南宋。回来时，洪皓带了许多东西，其中就包括西瓜种子。西瓜一开始被种植在特供皇家食用的菜园中，后来才被广泛种植。从南宋咸淳六年（公元 1270 年）刻立的“西瓜碑”的碑记来看，当时已出现了 4 个优良的西瓜品种：蒙头蝉儿瓜、团西瓜、细子瓜和回回瓜。

嗑西瓜子成为潮流

元代以后，西瓜已经流行于大江南北。有趣的是，一些文献中还记载了西瓜子作为零食食用的历史，比如元代的《王祯农书》中就提到了西瓜子的做法。明代的《酌中志》中则记载明神宗朱翊钧非常喜欢将新鲜的西瓜子微加盐焙熟食用。你知道吗？为了收集瓜子，过去的人们有时还会在路边把西瓜免费送给别人吃呢！

趣味民间传说——爱吃西瓜的古代帝王

嘉靖皇帝派专人看守西瓜

明朝时，北京庞各庄的西瓜被选为皇宫专享，被称为“贡瓜”。据说嘉靖皇帝爱吃西瓜又怕有人害自己，就令人在庞各庄开辟了一个瓜园。每当西瓜结果时，嘉靖皇帝就派亲信在瓜园看守，等西瓜成熟，又由专人把西瓜送入宫里。嘉靖皇帝还将西瓜作为奖赏赐给大臣，以示褒奖。

乾隆御笔夸西瓜

乾隆是清朝皇帝中最爱写诗联句的帝王，据说他非常怕热，西瓜是他的的消暑佳品。有一次，乾隆和大学士纪晓岚微服私访。君臣二人走到一个瓜果店前，卖瓜的人看二人着装像生意人，就随手切开一个西瓜让他们品尝。吃完后，二人才发现没带银子，乾隆说：“不能白吃您的瓜，我送一副对联给您如何？”掌柜的并不介意，就取出纸墨递了过去。乾隆提笔写道：“堂中摆满翡翠玉，弯刀辟成月牙天”。掌柜一见字迹遒劲潇洒，赶忙请人制成匾额悬挂起来。后来，乾隆和纪晓岚光顾这家小店的消息传开了，来这家店卖西瓜的人变得络绎不绝。

“吃瓜大胃王”慈禧太后

慈禧太后出名地爱吃西瓜，紫禁城里有一个堆满冰块的房间就是专门为慈禧冰镇西瓜用的。慈禧什么时候想吃，御膳房的厨师就从房间里取出十几个西瓜供她享用。为什么慈禧太后一次能吃这么多西瓜？原来慈禧吃瓜时只吃瓜瓤中心又沙又甜的一小块，其他的一概不吃。所以，爱吃西瓜的慈禧太后同时也是个“浪费大王”。

最爱吃西瓜的中国人

随着科学技术的进步，西瓜的种植已经不受限于地区和温度，人们可以在温室里种植西瓜。这样，即使是寒冷的冬天，人们也可以吃到美味的西瓜。中国不仅是全球第一的西瓜生产国，也是最大的西瓜消费国。你知道吗？中国向其他国家出口的西瓜只占总产量中很小的部分，大部分都被我们吃掉啦！回忆一下，你今年吃了几个西瓜呢？

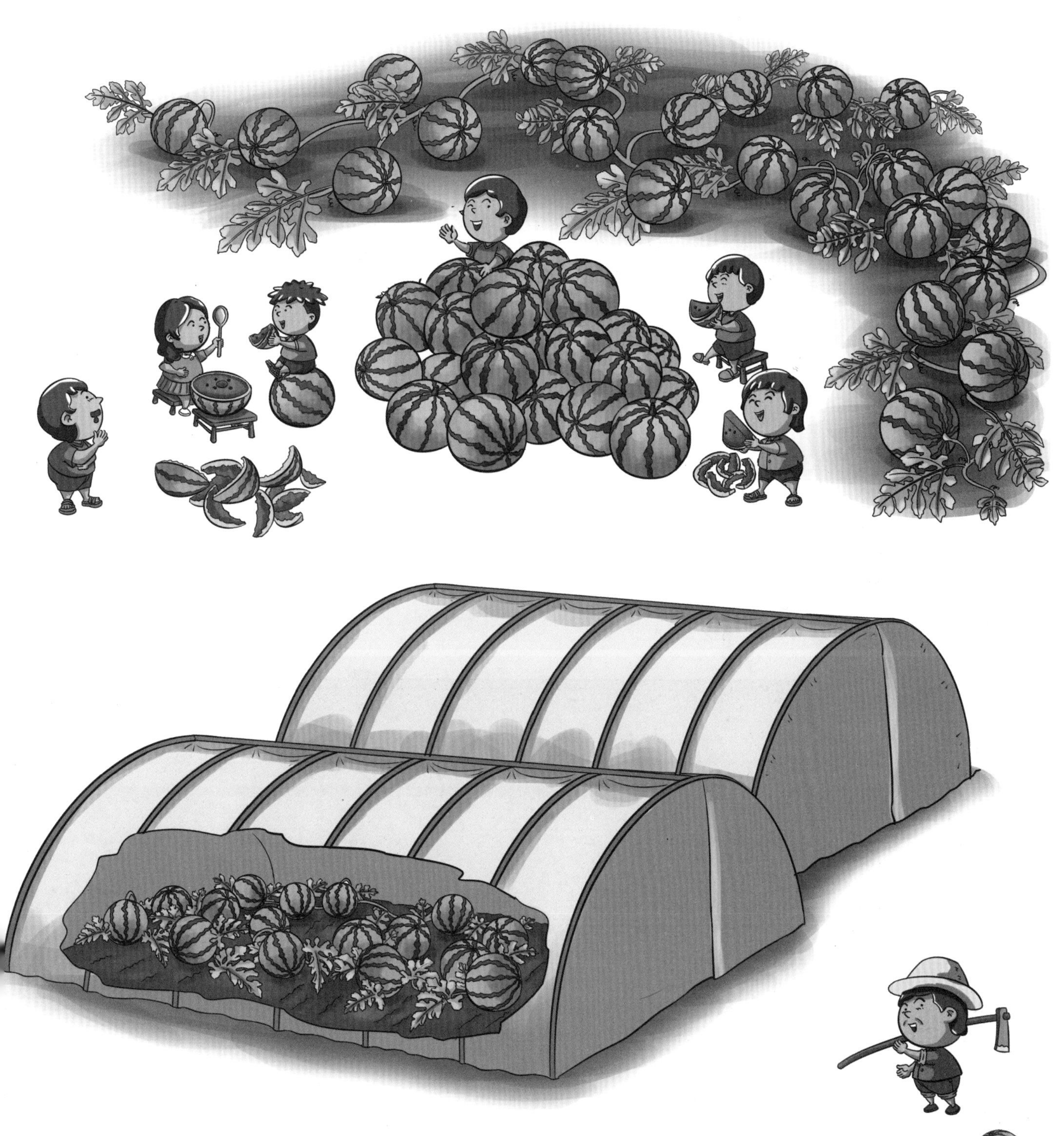

西瓜的成长日记

西瓜有翠绿、光滑的果皮，脆甜的瓜瓤，是夏季人气极高的应季水果。你知道吗？西瓜的生长期并不长，大部分西瓜都是春季种植，夏季收获。在短短的生长期里，一颗小小的种子，如何长成硕大滚圆的西瓜呢？让我们一起来看看吧！

将选好的种子放入容器，用 55℃的温水浸种，杀灭种子表面的病菌。

春光明媚的 3、4 月份是播种的最佳时间。为了让幼苗在温暖的环境中健康生长，人们会先将发芽的种子播种到温室的育苗田或专门的育苗盘中。播种时，先将催芽的种子均匀播撒到土壤表面，芽端向下，然后覆盖一层薄土，并定期进行浇水。

萌芽初露尖尖角

西瓜是用种子繁殖的，因此，种植西瓜时必须选择健康饱满的种子。优质的种子大小适中、形状端正，储存的营养物质多，没有病虫害，更有利于培植出强健的西瓜苗。因为西瓜种子的外皮很坚硬，所以选好的种子首先要经过浸种、催芽处理，否则发芽的速度会很慢。

浸种 1~2 天后，种子吸收了水分，开始膨胀，这时就可以催芽了。将种子在湿布上摊开，在种子上覆盖 2~3 层湿布，不时喷水保持湿度，或将种子放入恒温箱。在适宜的温度和湿度下，种子开始萌芽。

7~10 天后，小芽就会成长为嫩绿的小瓜苗。

瓜苗移栽长得棒

当西瓜苗生长到 25~30 天，长出三四片绿油油的叶子时，就可以将它们移栽到瓜田里了。你知道吗？西瓜苗喜欢温暖的环境，如果土壤温度低于 15℃，就可能影响到它的根部生长。所以，人们在移栽前，会先将土里的草拔掉，并将土地犁成一垄一垄的形式，然后在垄上覆盖一层透明的塑料薄膜。这样做既可以提高土壤的温度，还可以减少水分蒸发，防止杂草生长。

快看！这是一个天气晴朗、阳光充足的上午，嫩绿嫩绿的小瓜苗已经被运送到田里啦！农民伯伯开始忙碌起来。他们先在田里的薄膜上按照一定的间距，挖出一个个小洞；然后将瓜苗移栽到小洞里，压紧泥土，淋上少量的水。很快，一排排整齐的瓜苗就被移栽好了，看起来是不是很壮观呢？移栽后的瓜苗有了更大的生长空间，就可以更好地进行光合作用，茁壮成长了！

西瓜喜爱的气候和土壤

西瓜喜欢温暖、干燥的气候，它的生长需要长期、大量的光照。种植西瓜的土壤以土质疏松、土层深厚、排水良好的砂质土为最佳。

南瓜秧上结西瓜

为培育出个大、味甜、抗病虫害的优质西瓜，古代瓜农们经过无数次的摸索和试验，发明了用南瓜秧或葫芦秧作砧木、西瓜作接穗的嫁接方式，实现了“葫芦秧上结西瓜”和“南瓜秧上结西瓜”。我们今天能吃到各式各样的西瓜，多亏了古老的嫁接技术的帮助呢！

匍匐生长的西瓜藤

西瓜苗在田里越长越高，叶子也越长越大。你会发现西瓜苗在生长到一定阶段后就不再直立生长，而是在地面横向匍匐生长。长长的西瓜藤爬满地面，郁郁葱葱的叶子让瓜田变得生机勃勃。西瓜的藤是非常重要的，它肩负着输送养料、储存营养、支撑叶片等重任。如果没有它，西瓜苗就不能正常生长，也就无法结出甜甜的西瓜。

西瓜藤的结构

西瓜藤，指的是西瓜的茎。因为在地面横向匍匐生长，西瓜的茎被称为“匍匐茎”。西瓜茎的表面布满细细的长茸毛。茎上长着叶片的地方叫“节”，两片叶子之间的茎叫“节间”。茎蔓的每一节都有卷须，能起到缠绕物体、固定瓜蔓的作用。

开花结果，快快长大！

进入 6 月，鹅黄色的西瓜花陆续张开笑脸。黄艳艳的花朵仿佛是西瓜的信使，告诉我们很快就要结果了。花朵授粉两三天后，凋谢的雌花下面就会鼓出一个绿色的小瓜，大小和一枚鸡蛋差不多，上面还长满了细软的茸毛。小瓜一点点膨胀，它上面的茸毛会逐渐脱落，瓜皮也开始变得有光泽。经过 25 天左右的生长，西瓜迅速增大，变得圆鼓鼓的了。在良好天气和充足水分的配合下，西瓜经历了雌花开放、受粉和结果，再过 35~40 天就成熟啦！

雌雄同株的西瓜花

西瓜花为单性花，雌雄同株，也就是一株西瓜茎上既开雌花也开雄花。

如何辨别雄花和雌花？

最简单的方法是看花的底部有没有隆起，如果有“小西瓜”，那就一定是雌花啦！西瓜是典型的异花授粉作物，它们的雌花必须得到另一朵雄花的花粉，才能结出果实。如果雌花接受了雄花的授粉，小西瓜就会慢慢长大；如果没有接受授粉，小西瓜会慢慢萎缩脱落。

快来摘西瓜啦！

当西瓜表皮的花纹变得清晰时，就到了收获的时节。放眼望去，一个个圆鼓鼓的大西瓜，正静悄悄地躺在绿油油的瓜田中。天刚蒙蒙亮，瓜农们就已经忙碌起来了，他们一边吆喝着“快来摘西瓜啦”，一边穿梭在瓜田中不停地摘瓜、运瓜，脸上洋溢着丰收的喜悦。不一会儿，瓜田旁就堆满了西瓜。有人口渴了，直接切开一个西瓜吃了起来。新鲜红嫩的瓜瓤淌出甘甜的西瓜汁，美味极了！很快，一辆辆货车就满载着沉甸甸的西瓜，向远处开去。

西瓜的生长过程
受粉
结出小西瓜球
小瓜一点点长大
西瓜的花纹逐渐清晰

种类繁多的西瓜大家族

你知道吗？西瓜的品种可多啦，仅我国就有近百个品种哦！不同品种的西瓜外形各有不同，甚至还有专门用来取食西瓜籽的西瓜和观赏西瓜。是不是很有趣？快来了解一下吧！

方便的无籽西瓜

这种西瓜的籽较普通西瓜小且不明显，吃起来比普通西瓜方便很多。无籽西瓜是由中国人培育出来的，美国科学促进会将这种应用植物激素培育而成的西瓜列为 1938 年世界生物学成就之一。

石头缝里长出的硒砂瓜

硒砂瓜又叫“戈壁西瓜”，种植在远离城市和工业的荒漠化地区。经过风化、被山洪冲刷到山沟里淤积的岩石碎片，铺压在瓜田的灰钙土土壤上，可起到提高地温、蓄水等作用。同时，砂石中还含有人体必需的硒、锌等微量元素，为西瓜的生长提供了更为优质的自然条件。硒砂瓜在种植过程中不使用农药，是环保健康的绿色水果。宁夏是我国有名的“硒砂瓜之乡”。

千年历史的三白西瓜

没见过白西瓜？其实这种西瓜已有近千年的栽培历史了，因为皮、瓤、籽都是白色的，皮如玉、瓤如脂、籽如珠，被冠名“三白”西瓜。三白西瓜含糖量高，在阴凉的房间内储存 3 个月也不会坏，还有很高的药用和食疗价值。

美丽的黄瓤西瓜

黄瓤西瓜是西瓜家族中的“美女”瓜，果皮黄中带绿，有明显的深绿色网纹；果肉金黄，沙脆香甜，瓜香浓郁。黄瓤西瓜多种植在沿海、平原的半沙质土壤中，是产量高、品质好的瓜中佳品。

哥斯拉蛋西瓜

哥斯拉蛋西瓜因个头巨大而被戏称为怪兽哥斯拉的蛋。它是日本北海道的特产，那里优越的自然条件为农作物的成长提供了良好条件。哥斯拉蛋西瓜糖分高，有机物成分多，口感清甜。

一碰就裂的地雷瓜

地雷瓜是西瓜家族中的小弟弟，因为个头迷你、一碰就裂，被形象地称为“地雷瓜”。地雷瓜水分充足，糖分也高，既可爱又好吃。

甜品店的招牌——异形西瓜

西瓜在日本也是非常受欢迎的水果。日本瓜农将西瓜放入特定的模具盒子中，种出三角形、葫芦形、金字塔形等外观奇特的西瓜。这种西瓜售价高，但更多是供人观赏，味道与普通西瓜差别不大。

金灿灿的黄皮西瓜

黄皮西瓜是西瓜家族中的新成员，市场上还不常见。黄皮西瓜个头不大，外皮金黄、瓜瓤桃红，比普通西瓜甜很多。

“住”在花盆里的西瓜

绝大部分西瓜在地里生长，也有一些在温室中悬挂生长，但盆栽西瓜却“住”在花盆里。盆栽西瓜个头小、瓜秧短，适合在家庭或者观光农业园里种植。尽管盆栽西瓜的果实还没有人的一只手掌大，结构却和普通西瓜一模一样。

西瓜子的“仓库”——籽用西瓜

零食家族中赫赫有名的西瓜子可不是吃西瓜时“吐”出来的， 而是从籽用西瓜中收获的。籽瓜的皮浅绿泛黄，看起来就像没熟的西瓜。它的果肉软而多汁，但一般不用来食用。人们更重视瓜瓤里粒大饱满、乌黑发亮的西瓜子。

西瓜是水果界的医生

你知道吗？西瓜不仅好吃，还非常有营养。西瓜的含水量达 94% 以上，并含有丰富的葡萄糖、维生素A、维生素B、维生素C等，可以补充我们身体需要的很多营养成分。在酷热的夏天，冰爽可口的西瓜更是解暑的“灵丹妙药”。

清热解暑

如果感觉头昏脑热，可以喝两三杯西瓜汁，中暑症状就会有所缓解。

增强免疫力

西瓜中含有丰富的番茄素，可以增强人体免疫系统的功能。

美容养颜

西瓜中含有丰富的营养素，能够帮助皮肤补充营养，让皮肤变得更有光泽。

补充水分

水果中西瓜的含水量是首屈一指的，特别适合夏季补充人体缺失的水分。

利尿通便

西瓜中含有的大量水分，以及西瓜中所含的糖和盐都能帮助人体排尿，并消除肾脏炎症。

吃西瓜要注意哪些问题？

1. 不能一次性吃太多

小朋友吃太多西瓜会导致肠胃不舒服，甚至出现腹泻等症状。

2. 冰镇西瓜不能立刻吃

太冰的西瓜会影响食欲和肠胃功能，从冰箱取出后，最好在室温下放 15 分钟。

3. 不要吃切开过久的西瓜

切开的西瓜放置过久易变质，还会繁殖病菌，食用后可能引发胃肠道疾病。

4. 糖尿病患者要少吃

西瓜中含有很高的糖分，会让血糖增高。如果你的家人是糖尿病患者，那么一定要劝他们少吃西瓜。

小贴士 西瓜皮是一味中药

甜甜的西瓜瓤吃完了，西瓜皮怎么办？一定有小朋友说："扔了！"其实，西瓜皮是一味中药材。晒干后的西瓜皮在中医里叫作"西瓜翠衣"，它消暑祛热的功效甚至比西瓜汁都强大。

世界各地花式吃西瓜

中国人爱吃冰镇西瓜

从古到今，吃冰镇西瓜一直是中国最受欢迎的夏季消暑方式。古代的皇帝为了消暑经常吃冰镇西瓜，虽然那时候没有冰箱，但聪明的古人将西瓜放在专用的铜制器皿中，再在西瓜四周放上冰块，甘甜的西瓜就冰好了。今天我们喜欢将西瓜放入冰箱，想吃的时候拿出来用勺子舀着吃，这是夏天的专属快乐。

小贴士 如何冰镇西瓜?

冰箱冷藏室最下层是冰镇西瓜的最佳位置，那里的温度大约保持在 8℃ ~10℃，冰出的西瓜口味最好。

新疆人围着火炉吃西瓜

中国新疆是典型的温带大陆性气候，早晨、夜晚温度低，中午太阳光照强、温度高，再加上新疆的西瓜大、甜、沙瓤，非常好吃。所以即使在零下十几度的时候，也有人围着火炉吃西瓜。于是才有了当地“早穿皮袄午穿纱，围着火炉吃西瓜”的说法。

潮汕人吃西瓜蘸酱油

“西瓜蘸酱油”是我国潮汕地区的独特吃法，听着很奇怪，吃起来的感觉却很奇妙！酱油的咸鲜味和西瓜的甜味结合在一起，不但不冲突，反而增加了西瓜的甜味。

日本人蘸盐吃西瓜

日本的西瓜价格昂贵，许多节俭的主妇只在节日或招待宾客时才会购买。一些日本人吃西瓜要蘸盐，并不是日本人喜欢“盐味”西瓜，而是因为在过去，日本某些西瓜的口感不太好，蘸盐吃可以在短暂的咸味之后，让西瓜的甜味更加突出。

俄罗斯人吃西瓜搭伏特加

俄罗斯人很喜欢喝伏特加，他们甚至发明了一种有趣的方法来吃西瓜。首先在西瓜上开一个瓶盖大小的洞，接着把一瓶伏特加斜插在西瓜上，几个小时之后，酒渗入了西瓜瓤，就可以切开食用了。混合了伏特加的西瓜不仅香甜，而且还带着浓浓的酒香，只是吃着吃着，很多人就醉了。但是，未成年不能饮酒，小朋友们可不能吃这种西瓜哦！

小贴士 拍瓜辨生熟有什么道理？

生瓜拍起来声音脆；熟瓜瓜瓤中有空隙，敲起来声音发闷；熟得比较厉害的瓜瓤开始变沙，听起来咚咚的像空心墙。拍瓜的声音听起来不同，是因为西瓜的果肉结构不同。成熟的西瓜果肉密度相对较低，因此敲起来声音发闷；生西瓜反之，由于较高的果肉密度使得敲击声发脆。

餐桌上的西瓜美食

一提起甜蜜多汁的西瓜，一定有很多小朋友要流口水了。你知道吗？西瓜除了生吃，还可以做成各种美食。不同国家的人会将西瓜做成什么美食呢？一起来看看吧！

中国

慈禧太后的西瓜盅

西瓜盅是清朝慈禧太后在夏季爱吃的一道御膳，又叫“一卵双凤”。制作西瓜盅只能选用北京郊区庞各庄的西瓜。做法是挖出西瓜瓤，放入切好的火腿、鸡丁、新鲜莲子、龙眼、胡桃、松子仁和杏仁，重新盖好，隔水文火炖3个小时。西瓜盅味道清醇鲜美、果香浓郁，是降暑解腻的佳肴。

小贴士　中药西瓜霜真是用西瓜做的！

西瓜霜是治疗咽喉炎、口腔溃疡等口腔疾病的一味中药，最早见于200多年前的清代名医顾世澄所著的《疡医大全》。西瓜霜是用西瓜和芒硝加工而成的，具有清热泻火、消肿止痛的功效，被古人称为“喉科圣药”。我们现在常吃的西瓜霜含片，是用西瓜霜和冰片、薄荷脑等中药加工制成的。

日本

好吃到停不下来的西瓜零食

日本人将喜欢发明创造的习惯也用在了食品上，超市里的零食琳琅满目，多到数不过来。用西瓜制作的风味零食造型可爱、味道甜蜜，特别受小朋友的欢迎。

西班牙

酸辣西瓜冷汤

这是一道以西红柿、西瓜为主要原料，加上其他配菜制作的冷汤，是西班牙夏天流行的菜肴。这道菜不仅口感丰富，而且消暑去燥。酸辣西瓜冷汤在食用之前要先放入冰箱冷藏几个小时，让西瓜的甜中和掉西红柿的酸味和辣椒的辣味。

美国

美味的西瓜牛排

美国的一家餐厅推出了一道让人意想不到的美食——西瓜牛排。厨师将普通的西瓜进行烘烤，再辅以牛排酱汁，看起来就像一块鲜嫩多汁的牛排，让人食指大动。

墨西哥

西瓜辣椒沙拉

用西瓜搭配薄荷叶、小黄瓜等新鲜食材，再将墨西哥青辣椒、洋葱切成细丝，撒上奶香浓郁的希腊软干酪，最后淋上柠檬汁和橄榄油，就成了墨西哥人炎热夏季必不可少的一道清凉开胃菜——西瓜辣椒沙拉。

西瓜沙拉为什么要放辣椒？因为墨西哥是辣椒的原产地之一，墨西哥人非常热爱辣椒，甚至有些人吃水果都要蘸辣椒粉，所以墨西哥的西瓜沙拉放青辣椒也就不奇怪了。

方便的鲜切西瓜是怎么加工的?

炎热的夏天，妈妈爸爸会从水果摊上买一整个西瓜回家，有时也会购买超市里出售的单独包装的切块西瓜。那么，这些精致的切块西瓜如何保证卫生、新鲜和安全呢?让我们去鲜切西瓜加工厂参观一下吧!

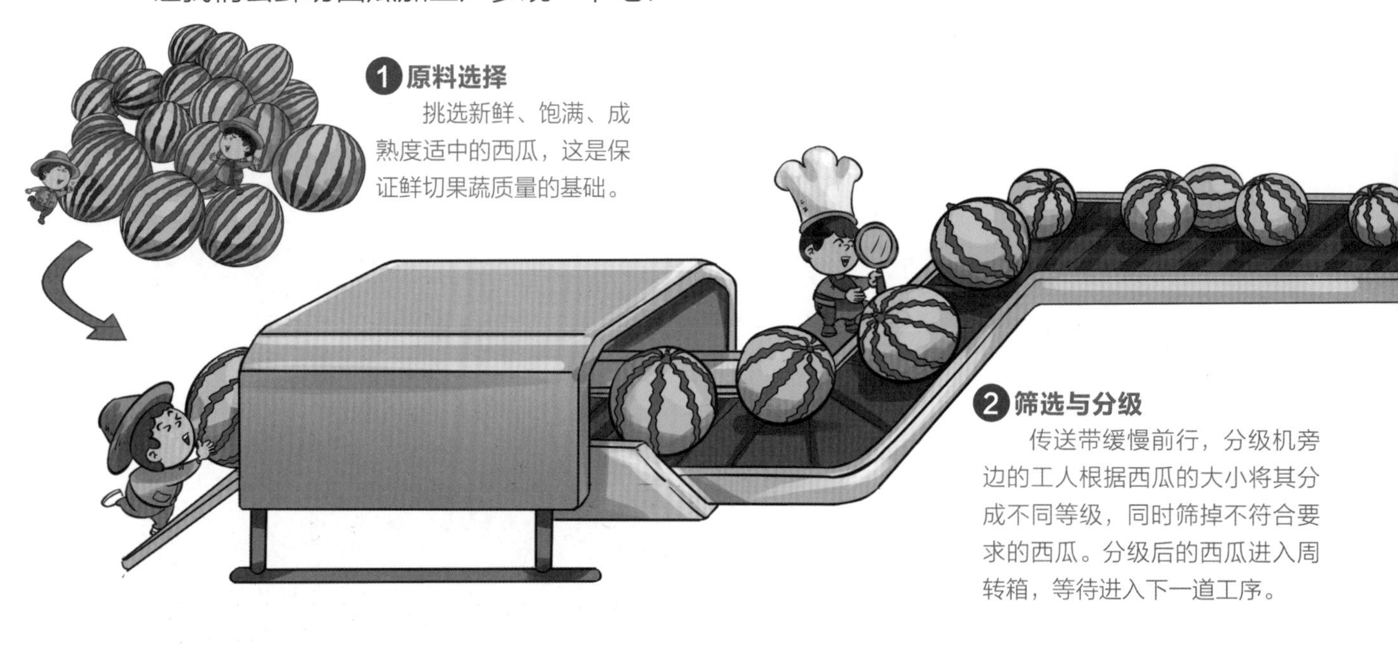

1 原料选择

挑选新鲜、饱满、成熟度适中的西瓜，这是保证鲜切果蔬质量的基础。

2 筛选与分级

传送带缓慢前行，分级机旁边的工人根据西瓜的大小将其分成不同等级，同时筛掉不符合要求的西瓜。分级后的西瓜进入周转箱，等待进入下一道工序。

6 包装

用保鲜膜包裹大块的鲜切西瓜，小块的西瓜则装入保鲜盒内。贴上标签后，鲜切西瓜会暂时保存在冷库中，然后用有制冷功能的货车尽快将其运送至超市出售。鲜切西瓜的保质期一般只有几个小时，买回来后要尽快吃掉哦!

❸清洗

西瓜被浸泡到洗涤液中，初步洗去西瓜上的泥沙、昆虫和残留农药。然后，喷淋管喷出的水柱会进一步清洗掉西瓜上的污物和洗涤液。

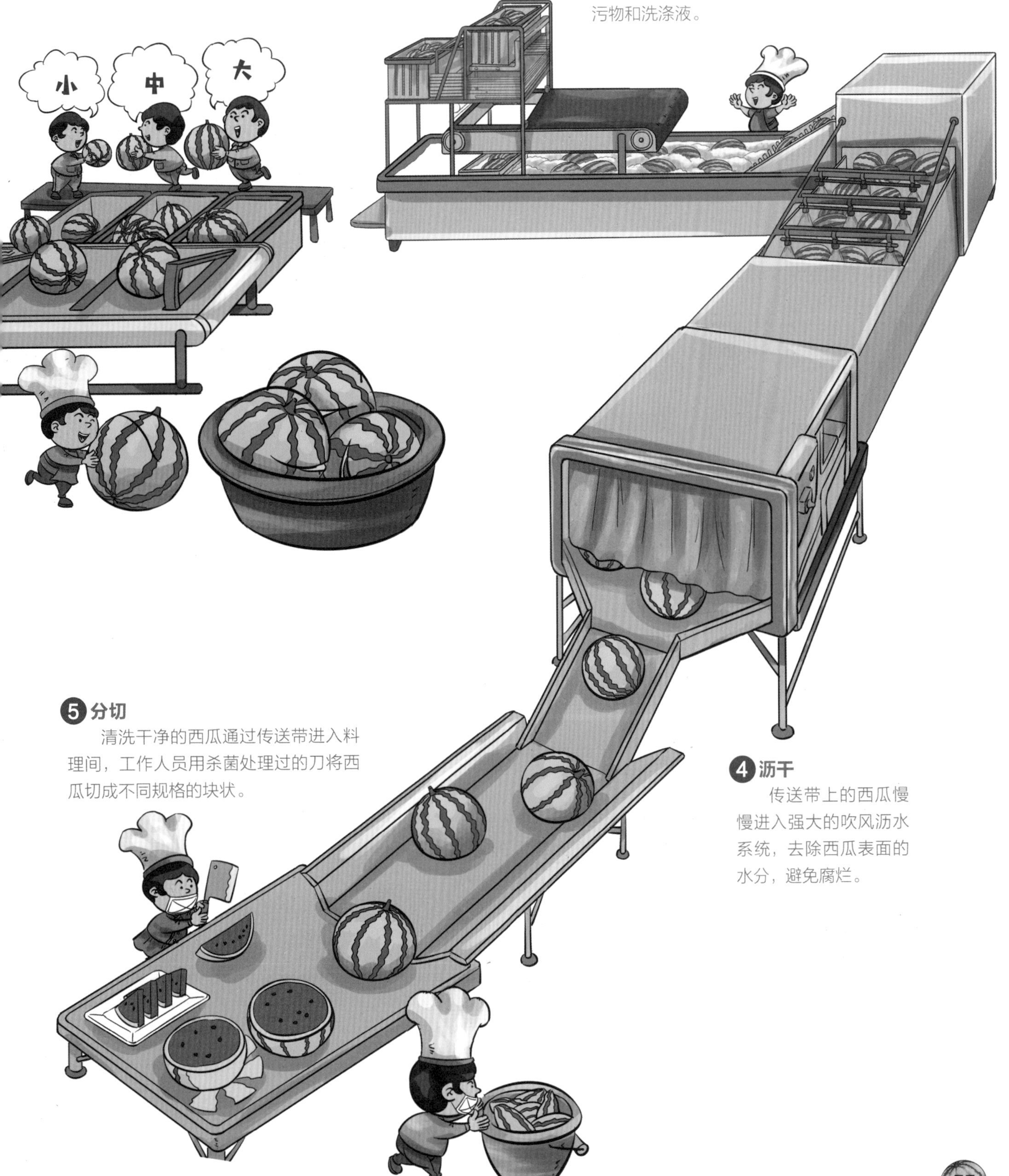

❹沥干

传送带上的西瓜慢慢进入强大的吹风沥水系统，去除西瓜表面的水分，避免腐烂。

❺分切

清洗干净的西瓜通过传送带进入料理间，工作人员用杀菌处理过的刀将西瓜切成不同规格的块状。

纯天然西瓜汁是怎么来的?

和妈妈爸爸逛超市或便利店时，你有没有发现冷柜中有一种西瓜汁的标签上印着“NFC”几个字母？NFC 的全称是“Not From Concentrate”，意思是“未经浓缩还原”，也就是说这种西瓜汁是从西瓜里榨出的原汁，完全保留了西瓜的甘甜清爽。那么，这种天然、健康、新鲜、美味的西瓜汁是如何生产出来的呢？

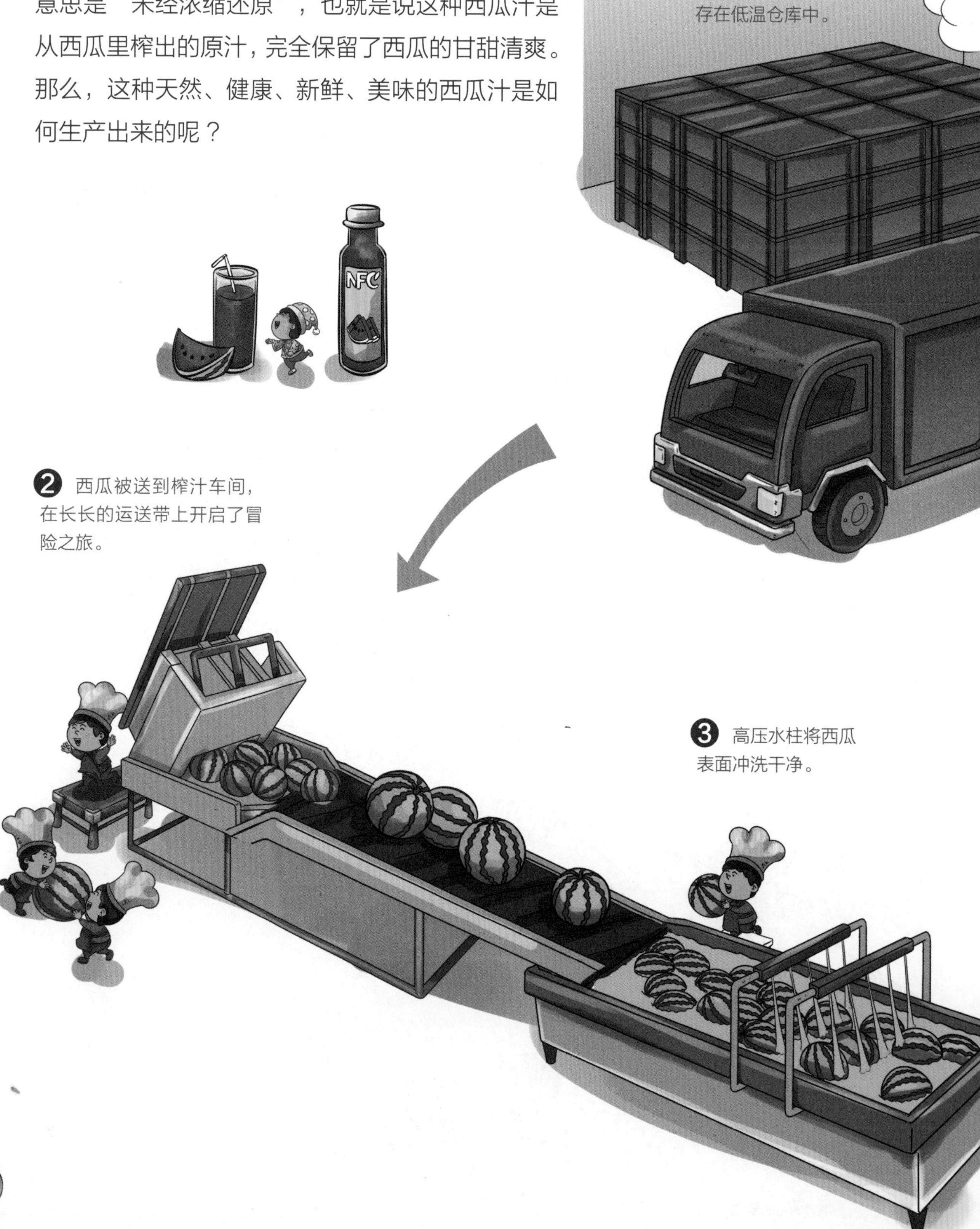

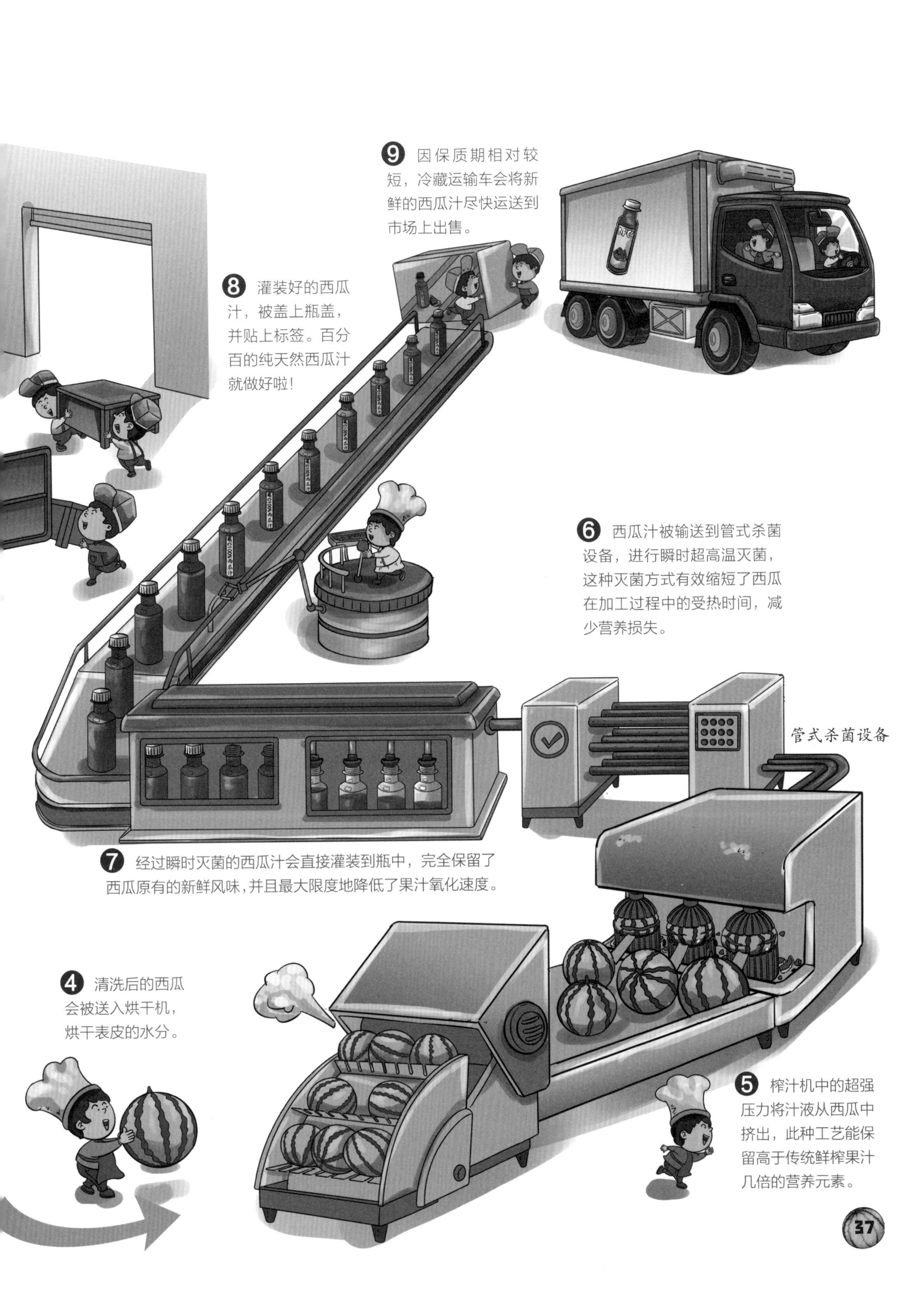

❾ 因保质期相对较短，冷藏运输车会将新鲜的西瓜汁尽快运送到市场上出售。
❽ 灌装好的西瓜汁，被盖上瓶盖，并贴上标签。百分百的纯天然西瓜汁就做好啦！
❻ 西瓜汁被输送到管式杀菌设备，进行瞬时超高温灭菌，这种灭菌方式有效缩短了西瓜在加工过程中的受热时间，减少营养损失。
管式杀菌设备
❼ 经过瞬时灭菌的西瓜汁会直接灌装到瓶中，完全保留了西瓜原有的新鲜风味，并且最大限度地降低了果汁氧化速度。
❹ 清洗后的西瓜会被送入烘干机，烘干表皮的水分。
❺ 榨汁机中的超强压力将汁液从西瓜中挤出，此种工艺能保留高于传统鲜榨果汁几倍的营养元素。

大开眼界的西瓜子生产过程

香喷喷的西瓜子是一种很受欢迎的零食，你喜欢吃西瓜子吗？想知道西瓜子是怎么加工的吗？一起来看看吧！

小贴士 **西瓜子来自哪里？**

我们平时吃的西瓜里的籽也可以做成西瓜子，但这些个头小、数量少的西瓜子显然不如西瓜更具诱惑力。因此，人们培育了一种特殊的西瓜品种——籽瓜。籽瓜比普通西瓜结实，里面的西瓜籽又大又多。我国是籽瓜的发源地，也是世界上种植籽瓜最多的国家。

1 采收

籽瓜成熟后，收割机就开进瓜田收籽瓜啦！轮子上的铁签毫不客气地扎进籽瓜，然后把籽瓜吞入机器的“肚子”。瓜子被送进存储箱，瓜瓤和西瓜汁则被“吐出”，留在地里沤肥。

2 晾晒

新鲜的西瓜子经过晾晒后，被运往加工厂。

10 包装

神奇的机械手将香喷喷的西瓜子装袋，封口。美味的西瓜子生产好了，一起来品尝吧！

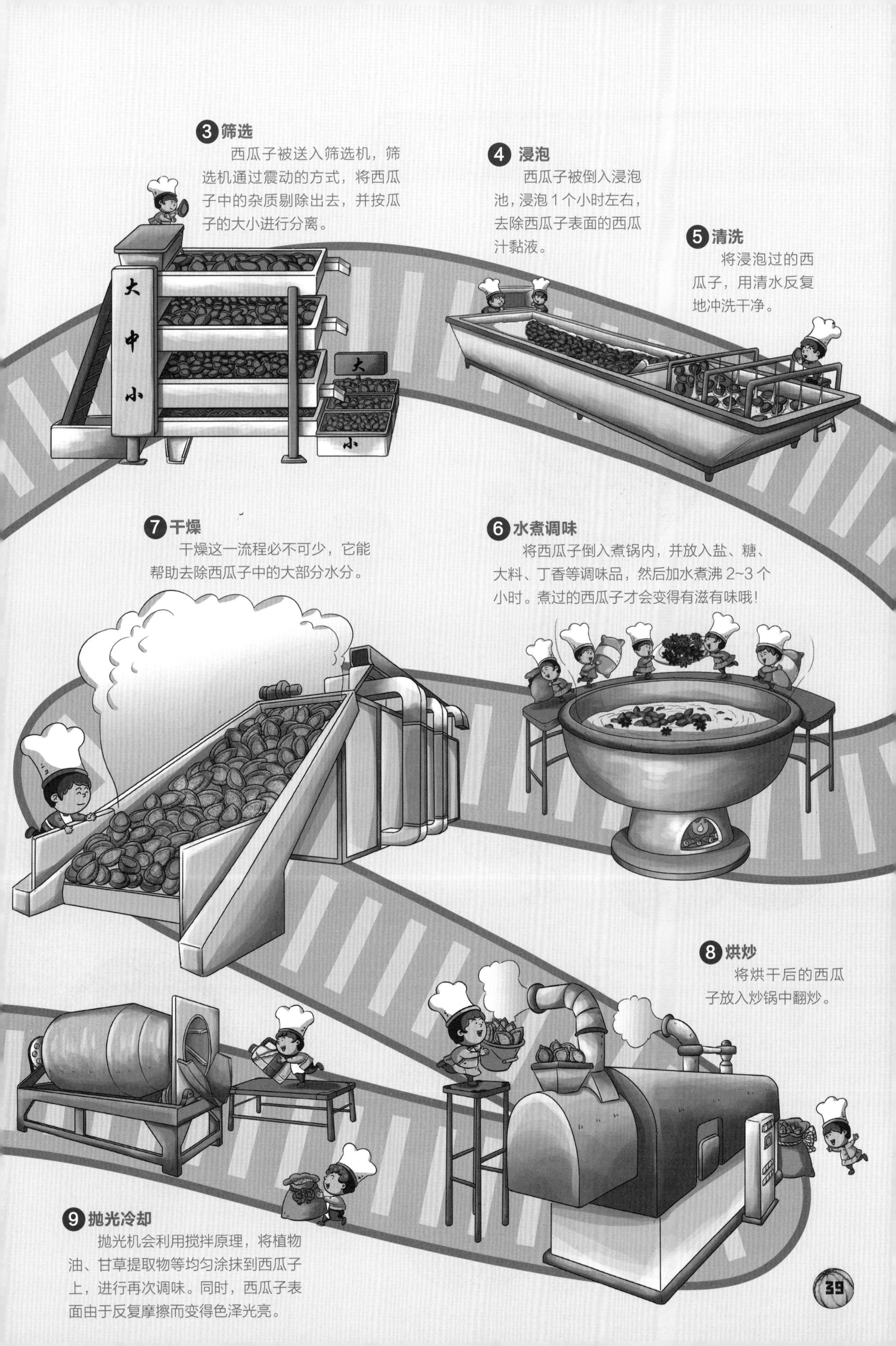

3 筛选

西瓜子被送入筛选机，筛选机通过震动的方式，将西瓜子中的杂质剔除出去，并按瓜子的大小进行分离。

4 浸泡

西瓜子被倒入浸泡池，浸泡 1 个小时左右，去除西瓜子表面的西瓜汁黏液。

5 清洗

将浸泡过的西瓜子，用清水反复地冲洗干净。

6 水煮调味

将西瓜子倒入煮锅内，并放入盐、糖、大料、丁香等调味品，然后加水煮沸 2~3 个小时。煮过的西瓜子才会变得有滋有味哦！

7 干燥

干燥这一流程必不可少，它能帮助去除西瓜子中的大部分水分。

8 烘炒

将烘干后的西瓜子放入炒锅中翻炒。

9 抛光冷却

抛光机会利用搅拌原理，将植物油、甘草提取物等均匀涂抹到西瓜子上，进行再次调味。同时，西瓜子表面由于反复摩擦而变得色泽光亮。

学做可爱的西瓜灯

做西瓜灯是流行于我国江南地区的一种习俗。现在，在西瓜收获的季节，各地还会举办西瓜灯节呢！西瓜灯的制作方法非常简单，小朋友也赶紧和爸爸妈妈一起来试一试吧！

1 选西瓜。因为西瓜的皮越厚才越容易做灯笼，所以挑选西瓜时不能按照皮薄肉厚的标准来选，不好吃的西瓜反而能做出好看的西瓜灯。

2 用记号笔在距离西瓜根茎约 8 厘米的地方画一个圆。

10 还可以给西瓜灯系上绳，让有趣的西瓜灯和月亮星星对话。快发挥创意，做几个好看的西瓜灯吧！

9 点燃蜡烛，合上盖子，一个西瓜灯就大功告成了。

③ 用水果刀沿着标记线将西瓜顶部切下，去掉顶部的果肉。西瓜灯的盖子就做好了。
④ 用勺子挖出西瓜的果肉。记得把果肉放在干净的容器里，不能浪费哦！
⑤ 果肉一定要挖干净，直到看到白色的瓜皮为止。
⑥ 用记号笔在西瓜上画出喜欢的图案。
⑦ 用刀沿着线条小心地切割，一定要注意安全！
⑧ 将蜡烛放入西瓜，尽量将其固定。

西瓜大发现

1938 年

无籽西瓜

果树学家黄昌贤在美国攻读博士学位时，用植物激素首次成功培育出了无籽西瓜。无籽西瓜的成功培育在当时的美国及欧洲生物学界引起轰动，成为园艺科学界的一大盛事。

20 世纪 70 至 80 年代

奇特的方形西瓜

日本香川县于 20 世纪七八十年代培育出了方形西瓜。这种西瓜由于瓜形奇特、方便运输、存储时间长而受到许多人的追捧，价格也很昂贵，目前市场价为人民币 600~800 元。方形西瓜不是转基因西瓜，而是在培育时将西瓜放在一个透明的方形盒子里，等到西瓜成熟时就长成了方形。

2012 年

西瓜汁缓解肌肉酸痛

根据科学杂志《农业和食品化学期刊》刊登的一篇研究论文，西瓜不仅是好吃的水果，还是体能训练的助手。论文指出，西瓜中含有一种叫作 L- 瓜氨酸的氨基酸，这种氨基酸能够缓解因运动引起的肌肉酸痛。

2011 年

西瓜听诊器

中国东北林业大学的学生发明了一种西瓜听诊器，它的原理和医生使用的听诊器相似。当敲击西瓜时，西瓜内部会发生振动，用两个传感器分别测量西瓜的质量和它的固有频率，再依据得出的参数，就能知道西瓜是不是熟了。

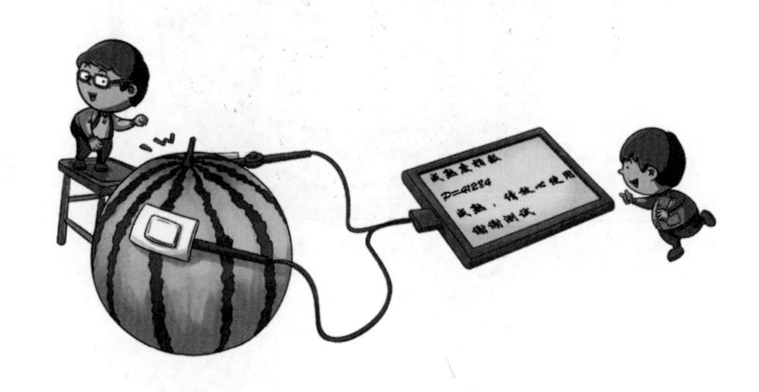

1987 年

佩普基诺西瓜

佩普基诺西瓜也叫迷你西瓜、拇指西瓜，是南美洲的一种野生水果。荷兰食品生产商科普珀特 · 普雷斯公司发现了这种世界最小的西瓜，并将种子带回荷兰进行温室栽培。1987 年，佩普基诺西瓜开始在美国和亚洲成规模种植。一个成熟的佩普基诺西瓜只有 3 厘米长，是普通西瓜的 1/20。佩普基诺西瓜的外表虽然和西瓜一模一样，但其瓜瓤是青绿色的，有一种类似香蕉、酸橙的香味，口感和黄瓜很像。

21 世纪

机械西瓜收割机

澳大利亚农业机械专家发明了半自动化机械西瓜收割机，使用传送带结构对西瓜进行集中处理。车辆在瓜田中慢慢行走，车辆尾部有一个和车身垂直连接的能够移动的传送机，工人们只要将西瓜摘下放到传送带上，西瓜就可以被运送到运输车里。西瓜收割机不但收割效率高，而且节约了劳动力。

1999 年

西瓜吊蔓种植技术

常见的西瓜是长在地面上的，但中国农业专家却摸索出了一种新的西瓜吊蔓种植技术。他们让瓜蔓像葫芦一样顺着架子往上攀爬，而硕大的西瓜则被绳子悬吊在空中生长。这种技术大大提高了西瓜的产量和品质，使传统的西瓜地蔓种植技术出现革命性突破。

你不知道的西瓜世界

西瓜当选“州蔬菜”

2007 年，美国的俄克拉荷马州正式宣布西瓜为“州蔬菜”。虽然西瓜在植物学意义上属于蔬菜，但大部分地区的人更习惯认为西瓜是水果，所以很多人觉得这事太奇怪了。不过这个称号足够怪也足够有话题性，甚至成了一个有趣的段子：什么瓜是俄克拉荷马州的州蔬菜？答案是：西瓜！

澳大利亚“滑西瓜”大赛

从 1994 年开始，澳大利亚金吉拉镇每两年会举办一次西瓜节，其中最受欢迎的项目就是“滑西瓜比赛”。参赛者们将双脚插入西瓜，双手握紧绳子，从布满西瓜汁液的斜坡上滑下去，摔倒即被淘汰。虽然摔得屁股疼，但每一个参赛者都兴高采烈，比赛用掉的西瓜最多时达到 20 多万吨。

世界上最贵的西瓜

世界上最贵的西瓜是 2008 年日本旭川市场拍卖的一个重 17 磅（约 7.7 公斤）的黑皮西瓜，拍得价格为 6100 美元。这种产于日本北海道地区的黑皮西瓜产量较少，硬度、脆度、甜度都堪称完美，平时单个售价在 200 美元左右。

好玩的挑西瓜软件

你知道吗？拍打西瓜、听声音确定西瓜是否成熟的方法在全世界都流行。还有人开发了一款通过辨别敲西瓜声音来判断西瓜生熟的手机软件。只要把手机放在西瓜上，然后以 3 秒敲 2 下的频率来敲西瓜，这款软件就能告诉你这个西瓜是不是熟了。虽然准确率有待商榷，但值得一试！

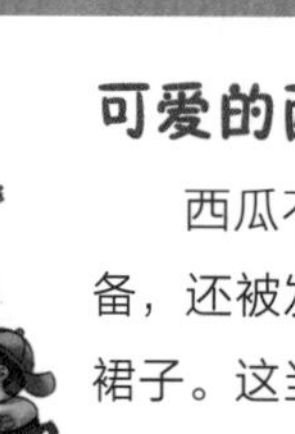

可爱的西瓜连衣裙

西瓜不仅是夏日消暑的必备，还被发掘出了新用途：做裙子。这当然不是把西瓜做成一条真正的裙子，而是把西瓜切成裙子形状，再把“西瓜裙”摆在人或动物前借位拍照。这样，照片上的人或动物就好像穿上了一条西瓜做的裙子。是不是很有趣？你也可以给自己做一条“西瓜裙”哦！

一夜闪现“西瓜田”

2017 年 6 月，中央美术学院的草坪在一夜之间变成了“西瓜田”！草地上密密麻麻铺满了西瓜，远远望去还有一层薄雾弥漫在“瓜田”之上。原来，这是中央美术学院毕业大展的启幕，也是校方送给毕业生的一份礼物，寓意瓜熟蒂落，硕果累累。